精装彩绘本

物理原来这么有趣

李 妍/著　杨 义/绘

湘潭大学出版社
XIANGTAN UNIVERSITY PRESS

图书在版编目（CIP）数据

物理原来这么有趣 / 李妍著；杨义绘. -- 湘潭：
湘潭大学出版社，2023.7
ISBN 978-7-5687-1083-1

Ⅰ．①物… Ⅱ．①李… ②杨… Ⅲ．①物理学－青少
年读物 Ⅳ．① O4-49

中国国家版本馆 CIP 数据核字（2023）第 069908 号

物理原来这么有趣
WULI YUANLAI ZHEME YOUQU

李妍 著　　杨义 绘

责任编辑：王亚兰
封面设计：海　凝
出版发行：湘潭大学出版社
社　　址：湖南省湘潭大学工程训练大楼
电　　话：0731-58298960 0731-58298966（传真）
邮　　编：411105
网　　址：http://press.xtu.edu.cn/
印　　刷：大厂回族自治县德诚印务有限公司
经　　销：湖南省新华书店
开　　本：787 mm×1092 mm 1/16
印　　张：5.5
字　　数：70 千字
版　　次：2023 年 7 月第 1 版
印　　次：2023 年 7 月第 1 次印刷
书　　号：ISBN 978-7-5687-1083-1
定　　价：58.00 元

目录

CONTENTS

第1章

神奇的声音

　　我们生活的这个世界，是一个充满各种神奇声音的世界。当我们漫步在树林里，会听到小鸟清脆悦耳的叫声；当我们踱步在溪流边，会听到溪水哗啦啦的流动声；当我们行走在田野间，会听到不远处的狗吠声，以及孩童的欢笑声……这么多奇妙而有趣的声音，将我们的世界装点得如此可爱。你们是否会有这样的疑问：声音是如何产生的呢？

　　声音是由物体的振动产生的。

物体在一秒钟之内振动的次数，称为频率，其单位为赫兹，写作Hz。人类听觉的上限是20 000 Hz，下限是20 Hz。高于20 000 Hz的声称为超声波，低于20 Hz的声称为次声波。声音、超声波、次声波统称声。

大象的发声频率在14~24 Hz，人的耳朵一般无法识别。

超声波：

医生可以用超声波机器检查我们身体内部，还有一些防盗报警器利用超声波来探测物体的移动。

次声波：

有些次声波很接近人体器官的振动频率，容易引发人体器官共振，会对人造成极大的伤害。在地震、火山爆发、龙卷风等自然现象出现时，都伴有次声波的产生。

声音是怎么传播的？

　　在日常生活中，常常会遇到这些情况：在雷雨天，我们可以听到从遥远的地方传来的雷声；我们从相隔很远的地方喊自己的小伙伴，他们都能够听到。我们听到这些声音时往往距发声的物体有一定的距离。你有没有想过，声音是怎么从发声的物体传播到远处的呢？

　　实际上，声音之所以能够传播，是因为空气的存在。像在太空中，因为没有空气，哪怕航天员距离再近，也无法直接交谈，只能借助于无线电。

　　固体、液体和气体都能够传播声音，它们都是介质。如果没有介质，我们就无法听到声音。声音在不同介质中传播速度不同，一般来说，声音在固体中的传播速度快于在气体中的传播速度。

古时候行军打仗，侦察的士兵经常会趴在地上听一听有没有敌军的马蹄声，一旦敌军偷袭，他们就要提前做好准备。

耳郭可以收集声波，然后把信号发送给大脑，大脑接收到信号之后，就能听到声音了。

耳朵是一个非常重要的器官，平日里我们要保护好耳朵，不要用锐利的东西去伤害它哦！

听到刺耳和嘈杂的声音，我们通常会觉得心烦意乱，而优美的音乐却可以让我们心情平静。在物理学中，发声体做无规则振动时发出的杂乱的声音就被称作噪声，如机器的轰鸣声，他人的争吵声。噪声不但会影响我们的心情，还可能影响我们的健康。

不过，从环保的角度来说，噪声的范围要更广一些。比如，如果你在图书馆里小声说话，对别人造成影响，这时候你的说话声对于别人来说就是噪声。再比如，如果隔壁邻居家的电视或者音响声音太大，影响你学习，这时候这些声音也是噪声。也就是说，一切影响人们正常工作、学习和生活的声音，都可以称为噪声。也许在不经意间，我们就制造出了不少噪声呢。

人们以分贝（符号是dB）为单位来表示声音的强弱等级。0 dB是人刚好能听到的最微弱的声音，30～40 dB是比较安静的环境。70 dB就会干扰我们的谈话，影响我们的学习和生活。如果一个人长期生活在90 dB以上的环境中，听力就会受到很严重的影响，还会出现头疼、神经衰弱等疾病。由此可见，声音对我们的影响是非常大的。

有些城市禁止鸣喇叭，这是通过防止噪声产生的方式来控制噪声。

控制噪声，可以从这三个方面入手：

1. 防护用具；
2. 切断传播途径；
3. 控制噪声源。

1.4　大有所为的声音

在雷雨天，我们总是先看到闪电，后听到雷声，这是为什么呢？因为闪电是光，而雷声是声音。在空气中，光的传播速度大约是3×10^8 m/s，而在15 ℃的空气中，声音的传播速度是340 m/s，可见，光在空气中的传播速度比声音快得多。因此，我们总是先看到闪电，过一段时间才能听到雷声。

去野外游玩的时候，如果我们对着远处的山大喊一声，不久就能听到回声，这是因为声波被山反射回来了。不过，如果我们离山太近，是无法区分回声和原声的。只有在发出的声音回到耳边的时间超过0.1秒时，我们才能将回声和原声区分开。

如果你在野外游玩的时候，想知道某座山离你有多远，也可以采用计算听到原声和回声的时间差的方式，粗略估算一下距离。

其貌不扬的蝙蝠，就是利用回声定位，在黑暗中寻找方向和捕捉猎物的。

回声定位原理在日常生活中也有广泛的应用，比如汽车上普遍安装的倒车雷达，应用的也是这个原理。

第2章

物态的变化

2.1 什么是物态?

　　世间万物都是由物质组成的,如果细心观察,就会发现固态、液态和气态是物质常见的三种状态,比如坚硬的铁块、流动的河水、气球里面的氦气……我们将物质相对稳定的不同状态,简称为"物态"。

　　有意思的是,随着温度的变化,固体、液体和气体三种物质状态会发生变化。比如一块冰块,在高温条件下,会先变成水,而后变成水蒸气。这便是物质不同状态之间的变化,也就是所谓的物态变化。

水壶中的水烧开后还继续烧会越来越少，最后烧干不见了，这是为什么呢？其实，这是因为物质的状态发生了变化！

如果空气的温度足够低，水蒸气便会凝华成微小的冰晶落下来，这就是我们看到的雪了！

如果外面温度很低很低，窗户上还会结出冰花。这是室内的湿热空气在寒冷的玻璃窗上凝华而成的冰晶。

2.2 熔化与凝固

如果从冰箱里拿出一块冰块，将它放在杯子里静置，等过一会儿，你会发现，原本是固体的冰块竟然变成了一杯水。这个变化的过程，就是物质由固态变成液态的过程，物理学上称之为"熔化"。

同样地，如果你把水倒入杯中，然后将杯子放入冰箱冷冻。随着温度的降低，过一会儿，杯里的水竟然变成了冰块。这是物质由液态变成固态的过程，物理学上称之为"凝固"。

动动脑筋，不难发现熔化和凝固现象的发生，都和一个因素有关，没错，它就是温度！要知道，温度是影响物质物态变化的关键因素。

　　随着温度的上升，固体物质会因为不断吸收热量而发生熔化现象。有些固体，比如冰块、金属等，它们在熔化过程中温度保持不变；而有些固体，比如蜡、沥青、玻璃等，它们在熔化过程中只要吸热，自身的温度就会不断上升。

在物理学上，人们将熔化过程中，温度保持不变的固体叫作晶体，而温度不断上升的固体叫作非晶体。

由于非晶体在熔化时，温度会不断上升，因此，它并没有一个固定的熔化温度。相反，晶体在熔化时，温度始终保持不变，熔化温度较为稳定，在物理学上，人们将晶体的熔化温度称为"熔点"。

与此相对应，在液体凝固成晶体的过程中，也会出现一个确定的凝固温度，这个温度在物理学上称为"凝固点"。一般来说，同一种物质的熔点和凝固点是一样的，这个确定的温度就是这种物质固态和液态转化的临界点。

值得一提的是，没有熔点的非晶体，同样没有凝固点。

仔细观察生活会发现，炎炎夏日，人们为了喝冰水，特意在水里加几块冰块；寒冷的冬天，人们为了让蔬菜保存久一点，会特意在菜窖里放上几桶水。

这样的生活智慧，其实都是利用了物质熔化和凝固时，出现的吸热与放热原理。

熔化时吸热，凝固时放热，利用这个原理和现象，人们往水里加入冰块，冰块在熔化过程中不断吸热，从而使得水的温度降低，变成了冰水；往冬天的菜窖里放水，水在结冰过程中不断放热，菜窖的温度就会相对高一点，蔬菜也就保存得久一点。

　　细心观察生活的朋友会发现，有时，我们不小心洒在地上的水，会随着时间的推移而消失不见；我们洗干净晾晒的衣服，也会随着时间的推移而变干。这时，你们的脑海里是否会产生这样一个疑问：水，去哪了呢？

　　其实，不管是洒在地上的水，还是湿衣服上的水，它们并没有消失不见，而是由原本肉眼可见的液体，变成另一种肉眼无法看到的物质状态。没错，这种肉眼无法看到的物质状态，就是气态！

在物理学上，人们把物质由液态变成气态的过程，称为"汽化"，反过来，将物质由气态变成液态的过程，称为"液化"。

大家肯定都看过烧水吧！将冷水灌进水壶里，然后加热烧水，等到水烧开时，就会看到水壶口冒出大量的水汽，水壶里的水面上也会冒出大量的气泡。此时，水壶里的水因为受热发生汽化现象，我们看到的大量水汽和水泡，其实就是液体在汽化过程中出现的"沸腾"现象。

所谓沸腾，指的是液体表面和内部同时出现剧烈汽化的物理现象。不同的液体，沸腾时的温度各不相同，这一温度被称为"沸点"。

有趣的是，即使液体的温度没有达到沸点，也会因为吸热而发生汽化现象。物理学上，人们将这种任何温度下都能发生的汽化现象，称为"蒸发"。

需要注意的是，蒸发只会在液体表面发生。比如当我们游完泳后，从泳池里走出来的

我们用来制作温度计的水银，它是唯一一个能在常温常压下以液态存在的金属单质。

一瞬间，会忍不住打个寒战，这是因为我们身体表面的水分发生了蒸发现象，这一过程需要吸收大量的热量，所以我们的身体才会觉得有点冷。

汽化的过程需要吸热，与之相反，液化的过程就需要放热了。

举个例子，寒冷的冬天，当一个戴眼镜的人从外边进到暖和的屋里，他的镜片上会随之出现一层小水珠，这便发生了液化现象。

由于在室外行走，眼镜片的温度较低，进到室内后，空气中的水蒸气遇到冰冷的镜片，随之放热，水蒸气就在镜片上凝结成小水珠了。

实验表明，任何气体，只要它的温度降到足够低时，都能发生液化。由于液化过程会放热，因此，在生活中也要小心液化现象。比如烧水时，比起开水烫伤，水蒸气导致的烫伤更为严重，这是因为水蒸气的温度虽然和开水差不多，但是它本身在液化过程中还会向外释放热量，热上加热，后果可想而知了。

升华与凝华

我们将一块冰块放在盘中静置，随着时间的推移，它首先会吸热熔化，变成一碗水，接着它又会继续吸热发生汽化，变成水蒸气。

从固态变成液态，再由液态变成气态……看到这个变化过程，大家脑海里是否会萌生这样一个想法：能不能让物质直接由固态变成气态呢？

这个想法并不是天马行空，要知道，在物理学中，物质是可以直接由固态变成气态的，这个过程叫作"升华"。反过来，物质也可以直接由气态变成固态，这个过程叫作"凝华"。

升华和凝华，也是物理学中很重要的两种物态变化呢！生活中，升华和凝华现象也是非常常见的！

樟脑片大家肯定都见过吧！当人们把樟脑片放进衣柜一段时间，就会发现樟脑片慢慢变小，最后竟然消失不见了！

别担心，樟脑片并不是被虫子吃掉了，它其实是发生了升华现象，由固体直接变成气体了。在升华过程中，物质是需要吸热的，这一点和熔化、汽化现象一样。

再比如，在寒冷的北方，窗玻璃上会出现冰花、户外的树枝上会出现雾凇，这些冰花和雾凇，其实就是凝华现象，是气态直接变成固态的产物。

凝华过程会释放热量，这一点和物质的凝固与液化一样。

第3章

光的故事

闪亮登场的发光体

有了光，我们才能看到这个美丽的世界。而能够发光的物体，就叫作光源。我们身边的自然光，大都来自太阳。

光不但可以在空气和水中传播，也可以在真空中传播。在空气中，光的传播速度大约是3×10^8 m/s，一秒钟内就能绕地球七圈呢。

24

除了太阳，我们身边还有很多人造光源，比如火把、蜡烛、电灯等。

如果拿着手电筒去照射鱼缸，你会发现光线能够穿过鱼缸中的水，而且在水中也是沿直线传播的。

天文学家为了方便表达，用了一个非常大的距离单位——光年，它指的是光在1年内传播的距离。

光年

3.2　光的反射

我们一起来看个实验：在水平桌面上放置一个平面镜，再在平面镜上竖直立一张纸板，让纸板上的直线ON垂直于镜面。使用手电筒贴着纸板沿某个角度照射O点，经过镜面反射，光线会沿着另外一个方向射出。在纸板上把入射光线和反射光线标出来。在物理学中，经过入射点O并和反射面垂直的直线ON叫作法线，入射光线与法线的夹角叫作入射角，反射光线与法线的夹角叫作反射角。

改变入射光线入射的角度，找出与它对应的反射光线，换不同颜色的笔标出。重复几次。然后，把纸板取下来，分别测量入射角和反射角的角度，并记录下来。

我们还可以尝试把纸板向前或者向后弯折一下，这时你会发现，虽然入射光线的方向没有发生改变，但是在纸板上已经看不到反射光了。通过这个实验，我们可以得出光的反射定律：在反射现象中，反射光线、入射光线、法线都在同一平面内；反射光线、入射光线分别位于法线两侧；反射角等于入射角。

做完前面的实验，你可以思考这样一个问题：如果让光逆着反射光的方向射到镜面，那它的反射光的轨迹是怎样的？动手操作一下，你会发现，它的反射光会逆着原来入射光的方向射出。这个现象说明，在反射现象中，光路是可逆的。

炎炎夏日，穿白色衣服会比穿黑色衣服凉爽得多，之所以如此，是因为白色能够反射大部分的太阳光，具有散热作用，而黑色会吸收大部分的太阳光，具有吸热作用。

一束平行光照射到粗糙不平的表面上，会被反射到四面八方，这就是漫反射。正是因为漫反射的存在，坐在教室各个不同位置的同学才能都看到黑板上的字。

镜面反射

如果在地上放一面镜子，一束平行光照射过去后，会被平行地反射，这种反射叫作镜面反射。在发生镜面反射的时候，我们只有站在特定的位置，才能看到物体。那些高楼大厦的玻璃幕墙，就会发生镜面反射。镜面反射是遵守光的反射定律的。

　　当我们站在镜子前，会发现镜中有另一个自己，这个自己看得着却摸不着，它就是我们在镜中形成的"像"。由于平面镜中形成的像并非由实际存在的光线汇聚而成，因此，它又被称作"虚像"。通常，平面镜中的像，其大小与实际物体的大小相同，且它们的连线与平面镜的镜面呈垂直状态，彼此关于镜面而呈对称状态。

　　在日常生活中，平面镜起着十分重要的作用，其成像原理被广泛地应用在生活中，同时也被用来解释各种现象，比如人们在水中看到的倒影，其实就是"平面镜成像"原理。

除了平面镜，我们常见的还有凸面镜和凹面镜，这两种统称为球面镜。凸面镜，我们在小区的拐弯处经常可以看到，它的作用是扩大视野，及时发现从弯道过来的车辆，避免发生交通事故。吃饭时用的勺子，凸出的那一面可以视为凸面镜，凹进去的那一面就可以视为凹面镜。

凹面镜起到聚光的作用，根据物距不同，所成的像也不同。当一束平行光照射到凹面镜上，会通过其反射聚到镜面前的焦点上。如果光源在焦点上，发出的光经过反射，会形成平行光束。利用凹面镜可以制成太阳灶，用来烧水煮饭，既可以节省能源，还不会对环境造成污染。

3.4 光的折射

我们都知道，当处于同种均匀介质中时，光线会沿直线传播。基于这个概念，倘若光线由一种介质射入另一种介质，它的传播会出现什么变化呢？让我一起来做个实验：在水杯中放入一根筷子，从侧面观察，会发现筷子仿佛被折断了；但当拿出筷子后，会发现它完好如初。之所以会出现这种情况，是因为在这个实验过程中出现了光的折射。所谓光的折射，是指当光从空气进入到水中时，也就是处于两种介质的交界处时，其传播速度发生变化，从而使得筷子呈现如同折断一般的状态。

在日常生活中，光的折射现象非常常见。以渔民抓鱼为例，由于光的折射原理，鱼在水中的实际位置会比人眼看到的位置要更远一些，所以有经验的渔民会将鱼叉扎向更远一些的位置。反过来，鱼儿在水中看到的人，会因为光的折射而比真人高大。

现在我们已经知道，光在传播的时候，有时候会拐弯，所以，眼见不一定为实。比如说，我们看日出的时候，看到的地平线以上的太阳，其实还在地平线下。因为地球周围的大气并不均匀，低空比较稠密，高空比较稀薄，这种不均匀的大气层会使太阳光线发生偏折。

此外，还有一种非常奇特的光学现象也是因为光的折射而产生的，它就是所谓的"海市蜃楼"，通常出现于平静的海面或者炎热的沙漠。当海市蜃楼出现后，人们会在"地下"或者高空中看到高耸的楼台、树木，它们是地表热空气受热上升而形成的光学现象，乍一看就如同幻觉一般。

光的颜色

  每次雨过天晴，由于空气中充满了小水滴，它们如同小小的三棱镜一般，会让从中穿过的光线发生色散，从而变成彩色的光芒，也就是肉眼看到的美丽彩虹。

  如果我们让一束太阳光穿过三棱镜，同时在三棱镜后放置一面白屏，就会发现太阳光经过三棱镜后，会在白屏上投射出一条含了红色、橙色、黄色、绿色、蓝色、靛色以及紫色七种颜色的彩色光带，它和空中的彩虹十分相像，而这个过程就是光的色散。

  把一个非常灵敏的温度计放在色散后不同颜色的光处，会发现温度都有所上升。特别地，当我们将温度计放在红光之外的地方，会发现上面的温度依然上升，这说明在红光之外的地方同样存在能量辐射，只是无法被肉眼察觉。这种红光之外的辐射，我们叫作红外线，紫光之外的辐射我们叫作紫外线，这都是人眼无法看到的光线。

白光经过三棱镜后，可以分散成各种颜色的光。其中，红、绿、蓝叫作色光的三原色。

适当的紫外线照射可以促进骨骼生长，所以如果你想长高个的话，可以多晒晒太阳哦！不过要记住一点，过量的紫外线照射对身体也有害。

3.6　神奇的透镜

观察一下身边同学戴的眼镜和爷爷奶奶戴的眼镜，有什么不一样呢？

　　近视的同学只能看清近处的物体，看远处的物体很模糊，这时候就需要借助近视眼镜了。近视镜片是一个凹透镜，中间薄，边缘厚，可以发散光线。

　　爷爷奶奶年纪大了，看不清近处的物体。他们戴的老花镜镜片是一个凸透镜，中间厚，边缘薄，可以会聚光线，把光会聚在视网膜上，就可以看清楚了。

　　你可以试试拿一只放大镜正对着太阳光，调整好距离之后，地上会出现一个耀眼的光斑。这说明凸透镜能会聚光线。也许你会问，那凹透镜也能会聚光线吗？答案是否定的，它不但不能会聚光线，反而会发散光线。

在日常生活中，凸透镜扮演着重要的角色，比如我们常见的照相机，它的镜头就是由一组透镜组成的，可以视为一个凸透镜。

如果你在外面野炊的时候忘了带打火机或者火柴，可以用放大镜来聚光取火。不过，在野外用火要注意安全哦！

望远镜的镜筒两端各有一组凸透镜，靠近眼睛的凸透镜叫目镜，靠近被观察物体的凸透镜叫物镜。

第4章

力和运动

4.1 力的奥秘

当我们拍皮球时，会发现皮球在触地后反弹起来；当我们踢足球时，会发现足球在滚动一阵后会自动停下来；当我们往上扔出小石子后，会发现它在上升到一定高度后掉落下来……以上现象全都有"力"的存在，而这也说明力在生活中几乎无处不在。

在物理学中，力是物体对物体的作用，它用符号F表示，单位是牛顿，简称牛，符号是N。

力可以改变物体的形状，比如，我们捏一块橡皮泥，它会变成各种形状；用手拉弹簧，弹簧会变长。当然，力还有其他的作用，比如掉在地上的铁钉，我们拿磁铁靠近它，你会发现，还隔着一段距离的时候，铁钉就会迅速地靠近磁铁。这说明，力可以改变物体的运动状态。

不管物体是静止还是运动状态，都会受到力的作用。教室里一张静止的桌子，其实受到重力和支持力这两个力的作用。两个力作用在同一个物体上，大小相等、方向相反，且在同一条直线上，我们说这两个力相互平衡，简称二力平衡。

在日常生活中，二力平衡是非常常见的，比如天花板上的吊灯，它受到的是竖直向下的重力和竖直向上的拉力。如果我们把吊灯的线剪断，拉力就会消失，那吊灯就会迅速落到地上。再比如静止在水面的小船，它受到竖直向下的重力和竖直向上的浮力，这两个力也是平衡力。

4.2　惯性定律

坐公交车时，我们会发现这样一个现象：司机叔叔突然刹车时，我们的身体就会往前倾。那你有没有想过，其中蕴含了什么道理呢？这就是惯性。

一切物体都有保持原来运动状态不变的性质，我们把这种性质叫作惯性。也许你会问：我在玩滑板的时候，如果停止蹬地，它就会停下来，这是不是说明滑板没有惯性？这种说法是错误的。

一切物体都有惯性，滑板之所以停下来，是因为受到了地面的阻力。如果在完全没有阻力的环境下，滑板会一直运动下去。英国科学家牛顿总结出了一条重要的物理规律：一切物体在没有受到力的作用时，总保持静止状态或匀速直线运动状态。这就是著名的牛顿第一定律，也被称为惯性定律。

在日常生活中，我们乘坐汽车时，如果汽车突然刹车，我们的脚会随之停止运动，而上半身却会保持之前的运动状态，如此一来，我们的身体就会不由自主地向前倾；反过来，当汽车突然启动，我们的脚会随之开始运动，而上半身却依然保持之前的状态，这时，我们的身体就会不由自主地向后仰。又比如当我们参加跑步比赛时，会发现即使到达了终点，身体也无法立即停下来，而是会继续向前跑一段距离，这其实也是因为惯性。再比如在参加跳远比赛时，如果向后退几步，而后快速助跑、跳跃，这样就会比原地起跳跳得更远一些，之所以如此，同样也是借助了惯性。

当然，惯性有时候也会给人带来危害，比如遇到紧急情况无法及时刹车。为了解决这个问题，人们给交通工具配备了刹车系统。

4.3　水中的浮力

当物体被浸在液体中，无论它是位于液体表面，还是位于液体之中，它都会受到一个向上的力，我们通常称其为浮力。因为有浮力的存在，我们才会看到木头、船只以及冰山漂浮在水面上，而不是沉入水底。

作为力的一种，浮力的大小主要和物体在液体中的体积以及液体自身的密度有关。简单来说，当物体浸入液体的体积越大，同时液体自身的密度也越大时，物体本身受到的浮力就越大。

如果你将一块石头完全放入水中，之后再将它露出一半放入水中，那么这块石头前后所受到的浮力是截然不同的。

阿基米德是古希腊著名学者，他非常聪明，提出了著名的阿基米德原理：浸在液体中的物体受到向上的浮力，浮力的大小等于它排开的液体所受的重力。阿基米德原理不但适用于液体，也适用于气体。

为什么石头在水中会下沉呢？因为浸没在液体中的物体受到两个力，一个是竖直向下的重力，一个是竖直向上的浮力。这两个力的大小，决定了物体的浮沉。浮力大于重力，物体就会上浮；浮力等于重力，物体就会悬浮在液体内；浮力小于重力，物体就会下沉。

历史上阿基米德把王冠放到装满水的容器里，通过测量排出水的体积，从而知道王冠的体积，进而知道了王冠是不是由纯金制成的。

在很远的地方，有一个死海，海水盐分含量很高，所以就算不会游泳的人也可以轻松地漂浮在水面上。

潜艇之父

1620年，荷兰工程师德雷布尔制造出了"真正意义"上的潜水艇，所以他也被誉为"潜艇之父"。潜水艇可以通过改变自身水舱中水的重力来实现下潜和上浮，在战争中有着广泛的应用。

4.4 神奇的重力

无论是地球上的物体，还是地球附近的物体，都会受到地球的吸引作用。在物理学上，人们将这种力称为"重力"。因为有重力的存在，被扔向空中的石头会在上升一定高度后掉落，树上成熟的苹果也会在某个时间点自动掉落。通常，物体受到的重力，与其自身的质量大小成正比。

地

地球对物体的每一个部分都有引力，但是对于整个物体来说，重力好像作用在物体上的某一点，这个点就叫作重心。

重力的方向是竖直向下的，如果你觉得不好理解，可以用一根细绳把一个苹果挂起来，这根细绳的方向就和苹果所受的重力方向一致。这也就解释了上面提到的现象：苹果成熟之后，会竖直落到地上。

物理学家牛顿认为，地球和月球之间存在互相吸引的力，这种引力使得月球绕着地球转动，而不会跑到别处。他还认为，这种力跟地球吸引它附近物体下落的是同一种力。他研究了历史上其他科学家的研究成果，最终得出这样的结论：宇宙间的所有物体都存在互相吸引的力，也就是万有引力。

亚里士多德认为：物体下落的快慢由物体本身的重量决定，越重的物体下落越快，越轻的物体下落越慢。但这个观点被伽利略证明是错误的。

伽利略认为：物体下落的速度和重量没有关系。所以在"自由落体运动中"，物体不论轻重，都会同时到达地面。

4.5　捣乱的摩擦力

什么是摩擦力呢？两个相互接触的物体，当它们相对滑动时，在接触面上会产生一种阻碍相对运动的力，这种力叫作滑动摩擦力。

现实生活中，当我们推动地面上的空箱子时，很轻易就能将它推向前；此时，如果往箱子里放一些重物，再次推动箱子时，会明显感觉到有些吃力；如果直接将箱子装满重物，那么此时再去推动箱子就会变得非常费劲，甚至很有可能完全推不动。之所以出现这种情况，是因为箱子受到的滑动摩擦力增大了。一般，物体所受的滑动摩擦力大小和物体与接触面受到的压力有关，压力越大，滑动摩擦力也就越大。

除了接触面受到的压力，影响摩擦力的还有接触面的粗糙程度。比如我们走在马路上，就不容易摔倒，但是到了冰面上，因为冰面比较光滑，一不小心就摔倒了。也就是说，影响摩擦力的因素有两个：一个是接触面所受的压力，一个是接触面的粗糙程度。接触面受到的压力越大，滑动摩擦力越大；接触面越粗糙，滑动摩擦力越大。

旱冰鞋装上轮子，可以有效地减少与地面的摩擦，从而提高行进速度。

冰壶运动员会不停地用冰壶刷擦地，就是为了使地面更加光滑，让冰壶跑得更远。

在机器的转动部分安装滚动轴承，这样可以极大减小摩擦力，保护零部件，延长机器的使用寿命。

4.6 简单机械

阿基米德曾经说过："给我一个支点，我就能撬起整个地球。"杠杆其实在我们的生活中也非常常见，比如筷子、剪刀等，都是杠杆。

一般，杠杆主要由支点、动力、阻力、动力臂和阻力臂五个要素组成。其中，动力臂指的是杠杆动力作用线到杠杆支点之间的距离；阻力臂指的是杠杆阻力作用线到杠杆支点的距离。根据阿基米德的杠杆原理，可知：动力×动力臂=阻力×阻力臂。

根据动力臂和阻力臂长度的不同，杠杆可以分为等臂杠杆、省力杠杆和费力杠杆。天平和跷跷板的动力臂和阻力臂相等，是等臂杠杆。动力臂比阻力臂长的杠杆，叫作省力杠杆；阻力臂比动力臂长的杠杆，就叫费力杠杆。

费力杠杆有一个优点，就是可以节省距离。而省力杠杆虽然可以省力，但是费距离，因此，省力杠杆和费力杠杆可以说是各有长处。

前面提到的杠杆是一种简单机械，其实在生活中，还有另外一种简单机械——滑轮，它在我们的生活中也扮演着重要的角色。比如我们升国旗的时候，旗杆顶部就有一个滑轮。因为它的轴固定不动，所以叫作定滑轮。虽然使用定滑轮不省力，但可以改变力的方向。

我们常见的电动起重机吊钩上也有一种滑轮，当被吊起的物体运动时，这种滑轮的轴也可以跟着一起运动。当电动机转动

并收绳子时，就会把物体和滑轮提起来，这种滑轮叫作动滑轮。使用动滑轮的好处是可以省力，但是不改变力的方向，而且费距离。在日常生活中，人们经常会把动滑轮和定滑轮组合成滑轮组来使用，这样可以综合它们的优点。利用滑轮组，我们可以轻松拉起比自己重很多的重物。

第5章

无穷的能量

5.1　能量的形式

生活中，能量是以多种不同形式存在的，主要可以分为五大类——内能、光能、化学能、电能以及机械能。

其中，内能指的是构成物体的所有分子、原子无规则运动产生的动能与分子间、原子间势能等能量的总和。

光能指的是由太阳等发光物体释放出的能量形式，是一种可再生能源。

化学能是储存在物质中的能量，只能在发生化学变化的时候释放出来，转化为热能或者其他形式的能量。

电能指的是用电以各种形式做功的能量，既实用又清洁，它可以转化为光能、热能等。

机械能指的是物体动能和势能的总和，它可以转化为其他形式的能量，比如生活中的风能和水能就属于机械能。

我们的厨房里有很多家用电器，它们都是使用电能，并将电能转化成我们需要的能量。

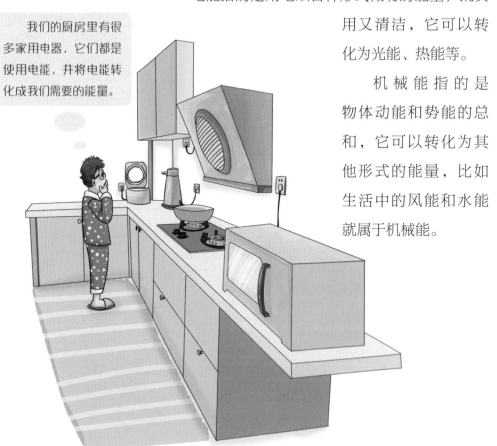

人们建造了风车，把风能转化为电能，这样不但节省能源，而且十分清洁。

汽车想要行驶，就要把化学能转化为动能。

5.2 势能

势能的种类有很多，如重力势能、弹性势能、分子势能、电势能、引力势能等。

物体因为重力作用而拥有的能量，叫作重力势能，它跟物体的质量和高度有关。同一个物体，被举得越高，它的重力势能就越大。当它从高处落下时，重力势能就会转化为动能。随着高度的下降，它的速度会越来越快，直至最后落到地面。

分子之间也存在势能，这是分子间由于存在相互的作用力，从而具有的与其相对位置有关的能量。分子间的作用力分为引力和斥力，在平衡位置时，这两个力相对平衡，当分子间的距离小于平衡位置时，就表现为斥力；而当分子间的距离大于平衡位置时，就表现为引力。但是不管什么时候，引力和斥力都同时存在。

发生弹性形变的物体各部分之间，由于有弹力的相互作用，也具有势能，这种势能叫作弹性势能。在一定的范围内，物体的形变越大，它的弹性势能就越大。

高处的流水具有重力势能，从高处落下来之后，重力势能会转化为动能。如果用瀑布来发电，会大大节省能源。不过目前瀑布发电还是一个难题。

5.3 能量的转化与利用

　　自然界中存在着各种各样的能量，其中最为常见的能量主要以内能、光能、化学能、电能和机械能为主。需要注意的是，自然界中的各种能量之间是存在一定关系的，它们能在一定条件下进行转化，这一过程在物理学中称为"能量转化"。

电能在使用过程中要格外小心，避免触电。

人类在几千年前就学会了钻木取火，只是当时不知道其中的原理，其实，这就是动能转化为热能的过程。

户外看到星星点点的萤火虫，它就是将化学能转化成了光能，这种生物体发光的现象被称为"生物发光"。

不可再生能源与可再生能源

　　化石燃料也叫矿石燃料，主要包括煤、石油、天然气等，它们都是古代生物遗骸经过一系列复杂的变化形成的，因为用完之后就没有了，所以是不可再生能源。

　　煤炭是地球上蕴藏量最丰富、分布地域最广的化石燃料，被称为"黑色的金子""工业的食粮"。

　　石油是指气态、液态和固态的烃类混合物，是一种黏稠的深褐色液体，被称为"工业的血液"。

　　天然气指天然蕴藏于地层中的烃类和非烃类气体的混合物，是一种优质燃料和化工原料。

　　这些化石燃料的使用虽然给我们的生活带来了极大的便利，但是我们也不能否认它们对环境造成了一定的污染。

　　我们常用的还有一些可再生资源，如太阳能、风能、地热能、水能、潮汐能等，它们资源丰富，有着很大的开发利用潜力。

煤炭燃烧过程中经常会释放一些细颗粒物，在超过大气循环能力和承载度后，细颗粒物的浓度就会持续积聚，形成雾霾，对人体健康造成威胁。

由于地下水的流动和熔岩的涌动，热力会被转送到靠近地面的地方。这些地下热水可以用来取暖，也可以进行温泉沐浴，或者用来发电。

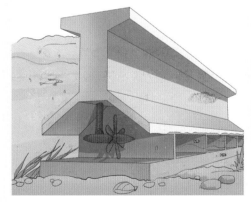

潮汐中其实也蕴含着巨大的能量。潮汐能的主要用途是发电，这种新能源的应用可以减少二氧化碳的排放，保护环境。

节约能源

　　由于不可再生资源是无法再生的，一旦用完就彻底没有了，同时不少能源在使用过程中会对人类的健康和生活造成负面影响。正因如此，我们要在重视能源利用的同时，养成节约意识。简单来说，倘若我们能在日常生活中注重能源的节约，就能在一定程度上为能源利用和环境保护贡献一臂之力。

　　现在，很多城市都在推行垃圾分类，垃圾分类就是按照一定标准对垃圾进行分类储存、投放和搬运，这样不但可以提高垃圾的经济价值，还能减少垃圾的处理量和处理设备的使用，节约一定的能源。

　　人们将垃圾分为厨余垃圾、可回收物、其他垃圾、有害垃圾四类。我们能做的，就是严格按照垃圾分类的要求进行分类投放。

为了节约电能，我们要养成离开房间时随手关灯的好习惯。另外，在炎热的夏天，空调的温度也不要开得太低，大概在26摄氏度就可以。将家中的白炽灯替换为节能灯，能够降低耗电量。看完电视随手关机，不要设置为待机模式，因为待机模式不但费电，还会影响电视机的使用寿命。

为了节约能源，我们平日里出门的时候，要尽量选择公共交通工具，比如公共汽车、地铁等，尽量不要开私家车，这样可以减少废气的排放，保护环境。在打印的时候，可以用双面打印代替单面打印，节约用纸。我们拥有的资源是有限的，要从生活中的点滴做起，节约能源。

第6章

热的故事

6.1　分子热运动

　　妈妈在厨房里炒菜的时候，我们在客厅里就能闻到香味，口水流个不停，那你有没有想过，这些香味是怎么飘过来的呢？

　　答案就是：气体分子在空中不停地飞舞，钻进了我们的鼻子，所以我们就闻到了香味。一切物质的分子都在不停地运动，而且是无规则的运动。这种分子进行的无规则运动，就叫作分子的热运动。

　　不同物质接触时能够彼此进入对方，物理学把这类现象叫作扩散。之所以会出现扩散，就是因为分子在不停地做无规则运动。比如我们把一滴红墨水滴到水杯里，很快整杯水都会变成红色；我们把一勺糖放进水里，糖很快就"隐身"了，这也是因为糖分子和水分子在不停地运动，糖分子钻进了水分子的间隙。

　　也许你会问，分子之间真的有间隙吗？答案是肯定的。因为分子之间存在斥力。不管外界施多么大的压力，都没法把分子完全黏合在一起。举例来说，在盒子里放满石头，再把一碗沙子倒进去，沙子不会溢出来，因为这些沙子都钻进缝隙里了。

同时拿两个杯子，一个杯子里放热水，另一个杯子里放等量的凉水，然后同时滴入一滴墨水。你会发现，热水里的墨水扩散得更快一些。这说明温度越高，分子热运动越剧烈。

把一块铁片和一块铅片紧紧贴在一起，五年后，它们会互相渗入大概1毫米深。如果一直给这两块金属片加热，它们贴合的速度会更快，互相渗入得也会更深。

6.2 有趣的热胀冷缩

在打乒乓球时，如果不小心将乒乓球踩瘪了，该怎么办呢？这时，只需要将乒乓球放进热水中浸泡一阵，不一会儿，原本被踩瘪的乒乓球就会恢复原状，再次鼓起来。这是为什么呢？其实，让乒乓球复原的这个过程正是利用了物理学中的"热胀冷缩"原理，即当物体受热会发生膨胀，而当物体遇冷会随之收缩。当我们将踩瘪的乒乓球放进热水中，乒乓球内部的空气会因为受热而发生膨胀，之后就会将瘪下去的乒乓球再次"撑大"，让它重新变鼓。

热胀冷缩是大部分物质都具有的特性，所以我们经常会看到很多"奇特"的现象。比如煮汤的时候，原本锅里的水并没有加满，但是水烧开之后剧烈沸腾，甚至会从锅里溢出来，这就是因为在高温下，汤的体积膨胀了。

　　也许你会问，为什么说"大部分物质"呢？因为有的物质非常特殊，它们在某些温度范围内是出现受热时收缩、遇冷时膨胀的现象。

　　如果你仔细观察，会发现水泥路面上留有一小段一小段的缝隙，这可不是施工出现了问题，而是考虑到了热胀冷缩。在炎热的夏天，水泥路面被晒得滚烫，体积膨胀，会向四面延伸，这些缝隙就为水泥的延伸留出了余地，以免地面变得四分五裂；到了寒冷的冬天，水泥路面又要收缩，要是没有之前留下的缝隙，路面也会坏掉。

　　我们常用的水银温度计，也是利用热胀冷缩的原理制成的。水银温度计的末端有一个"水银球"，里面储存着水银。水银受热后会膨胀，沿着玻璃管上升。使用完毕后，用力甩动温度计，就可以让水银回到"水银球"里，方便再次使用。如果使用之前不甩动温度计，可能会导致测量不准。

6.3　生活中的热传递

日常生活中，热传递是一种非常常见的物理现象，它是指当两个温度存在差距的物体相互接触时，热量会由温度高的一方传到温度低的一方。

举例来说，在寒冷的冬夜，当我们刚钻进被窝，身体会不由得一阵哆嗦；但在被窝停留一阵后，就会发现里边的温度有所上升，变得比之前暖和多了，这便是发生了热传递现象。

在此基础上，如果我们用塑料袋装一块冰，将它放进被窝，之后我们就会发现塑料袋里的冰块并没有融化，这是为什么呢？

其实，我们进入被窝后，由于我们的体温高于被窝的温度，就会发生热传递。又因为被子的存在，我们散发的热量出不去，慢慢积聚起来，所以才会觉得暖和。而冰块的温度太低，放进凉飕飕的被窝后不会散发热量，同时温度也不会升高。就像我们经常看到很多卖冰棍的人背着的泡沫箱子上都放着棉被一样，这样可以阻止冰棍吸收空气中的热量，从而降低融化速度。有时候我们去市场买菜，会发现有些菜摊上的蔬菜盖着棉被，这其实也是为了阻止热传递，保持蔬菜的新鲜。

一般，导热性较差的物体，其保温性较好，常被用来保温，比如上面提到的被子、泡沫等；相反，导热性较好的物体，其保温性较差，比如生活中使用的铁锅，其导热性明显优于保温性。

在建筑物的外层，经常会用到绝热或保温材料，它们可以有效抑制太阳和红外线的热辐射，隔热抑制效率高达90%。而且，它们还可以抑制高温物体的热辐射和热量散失，非常实用。不过，这些材料通常是易燃的，所以建筑物外侧经常会有禁止在附近燃放烟火的告示牌。

热传递主要存在三种基本形式：热传导、热辐射和热对流。有的保温杯是双层不锈钢内胆的构造，中间抽成真空，这样可以杜绝热传导。内胆包裹铜箔或者铝箔，让其形成镜面反射，把热辐射挡回去，这就隔绝了热辐射的通路。

使用保温杯的时候还要盖上杯盖，这样可以阻止热量与空气的对流。如此一来，热传递的三条路都被挡住了，达到了保温的目的。

奇妙的温室效应

随着大气层上空二氧化碳的增加，它们会在地球上空形成一个如同透明玻璃罩一般的阻挡层，使得太阳辐射到地面的热量滞留，无法向外层空间扩散。如此一来，随着太阳辐射的增加，地球上的热量越积越多，并且无法发散出去，最终导致全球变暖，这便是所谓的"温室效应"。

随着社会的不断进步，工业迅速发展，人们向空气中排入的温室气体越来越多；另外，越来越多的树木被砍伐，导致被树木吸收的二氧化碳减少，温室效应逐渐增强。

增强的温室效应会引发很严重的后果，如果温度持续上升，南北极的冰山会大幅融化，导致海平面上升，这样一些岛屿国家、沿海城市就很有可能被海水淹没。

温室效应带来的危害十分巨大，目前我们能做的就是尽量减少温室气体的排放，绝对不能听之任之。比如少开私家车，多乘坐公共交通工具。另外，保护好森林和海洋，不要随意砍伐树木，也不要污染海洋；每年的植树节，我们都可以积极参与植树活动；日常生活中，减少一次性用品的使用等。

冰山的融化，会使生活在北极的北极熊处于危险境地。

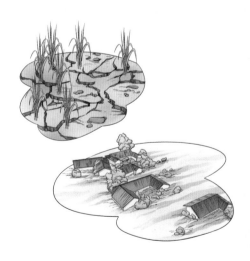

如果地球表面温度过高，可能会出现严重的干旱或者洪涝灾害，对人的生命安全构成威胁。

我们要保护好森林和海洋，不要随意砍伐树木，也不要污染海洋。

第7章

电的秘密

生活中大家肯定都有过这种经验：当我们在黑夜里脱毛衣时，会看到些许火花；当我们用塑料梳子梳头时，头发会随着梳子的移动而飘舞起来……之所以会出现这些现象，主要是因为物体在摩擦过程中带了电荷，物理学上将这一现象称为"摩擦起电"，也就是人们常说的起"静电"了。

摩擦起电的过程，是电荷从一个物体转移到另一个物体，并不是创造了电荷。同种电荷互相排斥，而异种电荷互相吸引。比如，摩擦过的塑料棒带有电荷，靠近气球时，气球会被吸引。

　　物体所带电荷的多少，叫作电荷量，也可简称电荷。在实验室中，经常用验电器来检验物体是否带电。用带电体接触验电器的金属球，就会有一部分电荷转移到验电器的两片金属箔上，此时金属箔带同种电荷，就会由于互相排斥而张开一定的角度。

导体和绝缘体

提到铅笔，大家一定不会陌生，仔细观察铅笔的构造，会发现它的外层由一圈干木头组成，而内层则是一根石墨笔芯。

位于外层的干木头是不容易导电的，被称作"绝缘体"。生活中常见的塑料、橡胶、玻璃、陶瓷、纯净水等，都是不导电的绝缘体。

位于内层的石墨笔芯是可以导电的，被称作"导体"，其成分主要以石墨为主。生活中常见的食盐水、酸溶液等都是导体，甚至人体也是可以导电的导体。

理解了绝缘体和导体的概念，就能更好地理解电线的构造了。位于电线外层的橡胶圈就是绝缘体，而位于内层的金属制电线则是所谓的导体。

接下来思考一下，绝缘体有没有可能变成导体呢？当然可以。比如前面提到干木头是绝缘体，但是如果木头沾了水，变成湿木头，那它就会变成导体。纯净的水是绝缘体，但是如果在水里加上一把盐，它也可以变成导体。由此可见，导体和绝缘体是没有绝对的界限的。

除了上面提到的导体和绝缘体，其实还有一些物体，它的导电性能介于导体和绝缘体之间，叫作"半导体"。在日常生活中，半导体也有着广泛的应用，比如爷爷奶奶爱听的收音机，其中的核心元件就是半导体。

不管是导体、半导体还是绝缘体，都有各自的用途，没有什么好坏之分。

不可否认的一点是，电在人类生活中扮演着十分重要的角色，同时也发挥着十分重要的作用，为人类生活带来了诸多便利，比如微波炉，仅用几分钟的时间就能将食物加热，既方便又省时、省力。只不过，我们在看到电所带来的便捷的同时，还要意识到安全用电的重要性，如此才能避免因用电不当而导致的各类危险事故。

实际生活中，不少人会在洗完手后，还未擦干手上的水分，就去触摸开关，又或者不少人会直接用湿手去开电视……诸如此类的做法是非常危险的。因为人是导体，一旦有大量电流通过人体，就会有生命危险。

还有的小朋友家里有电熨斗、电烙铁等电热器具，这也是十分容易引发火灾的，看到大人使用完毕，一定要提醒他们及时拔掉插头。

日常生活中，要想保证用电安全，一定要遵循如下原则：

一　不接触低压带电体，不靠近高压带电体。

二　更换灯泡、搬动电器前应断开电源开关。

三　不弄湿用电器，不损坏绝缘层。

四　保险装置、插座、导线、家用电器等达到使用寿命应及时更换。

电器看管好，事故能减少。

如果看到别人触电了，千万不要伸手去拉对方，而是要立即切断电源。如果你不知道电源在哪里，一定要及时向大人求助。

总之，只要安全用电，保持警惕，我们就可以尽情地享受电能带给我们的种种便利。